化学
在行动

物质状态变化 的 故事

［英］艾伦·B.科布 ◎ 著

于芝颖 ◎ 译

上海科学技术文献出版社
Shanghai Scientific and Technological Literature Press

图书在版编目（CIP）数据

化学在行动．物质状态变化的故事 ／（英）艾伦·B.
科布著；于芝颖译．—上海：上海科学技术文献出版社，
2025. —ISBN 978-7-5439-9156-9

Ⅰ．O6-49

中国国家版本馆 CIP 数据核字第 202482262Q 号

States of Matter

© Brown Bear Books Ltd

A Brown Bear Book

Devised and produced by Brown Bear Books Ltd, Unit G14, Regent House, 1 Thane Villas, London, N7 7PH, United Kingdom

 Chinese Simplified Character rights arranged through Media Solutions Ltd Tokyo Japan email: info@mediasolutions.jp, jointly with the Co-Agent of Gending Rights Agency (http://gending.online/).

图字：09-2022-1060

责任编辑：姜　曼
助理编辑：仲书怡
封面设计：留白文化

化学在行动．物质状态变化的故事
HUAXUE ZAI XINGDONG. WUZHI ZHUANGTAI BIANHUA DE GUSHI
[英]艾伦·B. 科布　著　于芝颖　译
出版发行：上海科学技术文献出版社
地　　址：上海市淮海中路 1329 号 4 楼
邮政编码：200031
经　　销：全国新华书店
印　　刷：商务印书馆上海印刷有限公司
开　　本：889mm×1194mm　1/16
印　　张：4.25
版　　次：2025 年 1 月第 1 版　2025 年 1 月第 1 次印刷
书　　号：ISBN 978-7-5439-9156-9
定　　价：35.00 元
http://www.sstlp.com

目录

1 物质的三种状态

周围所能看到的万物皆由物质组成，万物皆以液体、固体或气体的状态存在。物质能从一种状态变为另一种状态，比如固体的冰淇淋会融化成液体。

万物均由微小的粒子组成，这种粒子被称为原子。当两个及以上的原子结合，就构成了分子。原子和分子按不同的组合方式形成了三种状态——固体、液体和气体，这三种物质统称为物质状态，简称物态。某种特殊物质得以存在的物质状态，叫作该物质的相。我们对水这种物质都很熟悉，水通常以固相（冰）、液相（水）和气相（蒸汽）的状态存在。

固体

固体是一种拥有确定形状和体积（固体、气体和液体所占的空间大小）的物质。固体的分子主要有两种排列方式——整齐、有序排列和杂乱、无序排列。分子整齐有序排列的固体被称为晶体。常见的晶体如金属、钻石、冰和食盐。分子无序排列的固体被称为非晶质体。常见的非晶质体如玻璃、

哈勃太空望远镜拍摄的天鹰星云。这些棕色的柱子由气体和灰尘组成，而气体和灰尘又由微小的原子组成。

橡胶等。所有固体的分子均排列紧凑，因此固体不容易被压缩——不容易被挤压变小。

液体

和固体一样，液体的体积也是确定的。但和固体不同的是，液体的形状和盛装容器的形状相同。液体被称为流体的一种。构成液体的分子自由移动，所以液体的形状和容器的形状一致。和固体一样，液体中的分子紧紧靠在一起，所以液体也很难被压缩。

气体

气体是一种形状和体积都很易变的物质。和液体一样，气体也是流体的一种。气体中的粒子能迅速扩散，充满所有可用的空间。由于构成气体的分子之间距离较大，因此气体很容易被压缩进而减少体积。

▲ 这块琥珀色的石头具有晶形结构——石头中的原子排列整齐有序。

分子运动论

分子运动论从粒子运动的角度来描述物质的性质。万物中的分子都在不停运动。此类运动产生的能量被叫作动能。固体中的分子排列紧凑，所以其运动仅限于振动。在液体中，分子的间距通常较宽，因此可以振动，也可以在液体中自由移动。在气体中，分子之间离得更远，能以更快的速度随意移动。根据分子运动论，分子的移动速度越快，具备的能量就越大。我们会以热的形式，感受到这种能量。某物的分子运动速度快、具有很大的能量，所以我们会感觉很热。分子运动论解释了为什么热的液体倒入杯子，杯子也

关键词

● **分子运动论**：从分子运动角度，描述物质的特性。

近距离观察

固体

在固体中，各分子的移动速度不够快，无法克服彼此之间的作用力。分子会振动，但仍固定在原地。

液体

在液体中，分子紧密地靠在一起，但是有足够的能量克服与相邻分子的部分作用力，所以会滑过彼此。

气体

在气体中，各分子迅速移动，几乎可以克服所有的阻力。分子在其所处的整个空间中独立运动。

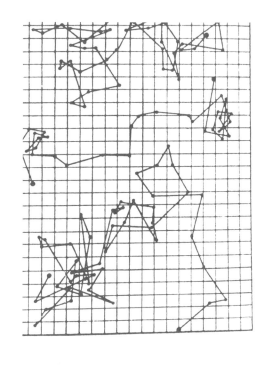

▲ 该图出自苏格兰植物学家罗伯特·布朗。图片展示了三颗悬浮在水中的花粉粒的自由运动。这一运动被称作"布朗运动"，是由于快速移动的水分子与花粉粒碰撞。

会变热。原因是热的液体中的分子在快速移动。当液体中的分子撞击杯子表面，能量会从液体传到杯子。杯子中的分子就开始振动。当我们拿起杯子，能量从杯子的分子传到了我们的手上，我们就会觉得这种能量是热的。

布朗运动

布朗运动于1827年被发现。当时来自苏格兰的植物学家罗伯特·布朗开始研究花粉粒在水里的运动。布朗观察到花粉粒在液体中随意移动。随后他尝试用已经死了一个多世纪的植物的花粉粒进行实验。这些花粉粒在水中也会自由移动。运动肯定不是来自花粉粒本身。现在，科学家们知道了这种运动是快速移动的水分子和花粉粒碰撞产生的。这类运动被称为"布朗运动"。在布朗运动中，悬浮在流体中的微粒会扩散至整个流体。比如香水扩散至整个房间。空气中的气体分子和香水分子碰撞，这导致香水分子朝着各个方向任意移动。最终，有些分子穿过整个房间，并抵达你鼻子中的嗅觉传感器。

分子内的力

原子不是最小的物质，而是由更小的粒子组成，这些粒子叫作质子、中子和电子。原子的中心叫作原子核，由质子和中子构成。电子沿轨道在原子核的四周排列。电子和质子各有一个电荷。电子有一个负电荷，质子有一个正电荷。由于电荷相反，电子和质子会相互吸引。引力将电子固定在原子核周围。这些力也将分子中的原子聚集在一起。

将原子聚集在一起的这种力被称作分子内力。"内"即为"……之内"。分子内力主要分为三类：离子键、共价键和金属键。在离子键中，一个原子会把自己的电子给另外一个原子。在共价键中，原子和原子之间共享电子。在金属键中，电子在原子之间自由移动。

分子间的力

作用于分子之间的力叫作分子力，亦称"范德瓦耳斯力"。分子力是物质分子能够聚集为固体或液体的主要因素。

分子力将分子聚集在一起。"间"即为"……之间"或"……之中"。和分子内力相比，分子间力较弱。实际上，分子力通常约为分子内力的15%。主要有三种分子力，即取向力、色散力和诱导力。三种分子力都与部分电荷有关。电荷源自分子中电子和原子核的排列。有时电子的排列会使部分原子核暴露在外，从而产生少

▼ 烹饪美食时，食物表面的部分分子会变成气体。食物表面的分子与空气中的气体分子碰撞，然后慢慢向远处扩散。所以当你住在街尾的邻居在做烤肉时，你会闻到香味！

试一试

布朗运动

材料：玻璃杯、水、食用色素

1. 给高玻璃杯中装满水，静置几个小时。

2. 往水里加入1至2滴食用色素，观察颜色如何散开的。由于与水分子产生碰撞，食用色素的分子会在水中散开。这种散开运动会受温度影响。如果温度升高，食用色素散开的速度会越快。反之，散开的速度会变慢。

▲ 向水里滴入几滴食用色素。加入前要确保水已经静置了几个小时。

▶ 加入食用色素后，放置约30分钟。可以看到水已经变了颜色。

量的正电荷。与此同时，电子聚集在一起，产生一个小的负电荷。正是电荷之间的吸引力使分子聚集在一起。

当一种物质沸腾，其中的分子拥有足够的动能，克服分子力。在沸腾过程中，分子获得足够的能量跳出液体，变成气体。这些动能来自施加在液体中的热能。沸点高的物质其分子力要比沸点低的物质强。

离子键

氯化钠分子（NaCl）

电子

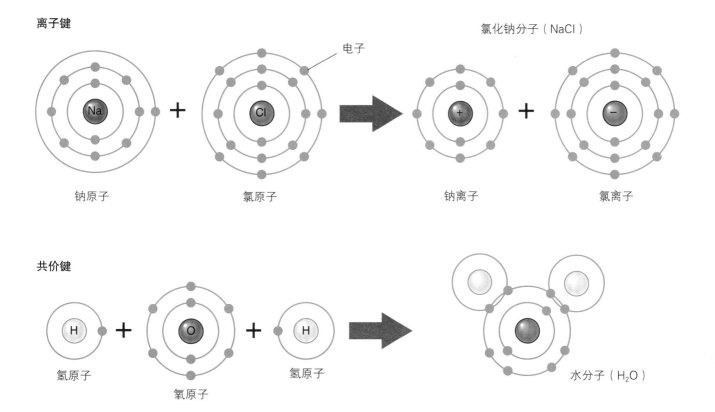

钠原子　　　　　　氯原子　　　　　　钠离子　　　　　　氯离子

共价键

氢原子

氧原子

氢原子

水分子（H₂O）

氢键结合

氢键是一种更强的分子间键合。水分子由氢键连接在一起。水分子总体上带有中性电荷——电子数等于质子数。但是水分子的特定位置上存在部分电荷，这些电荷被另一个水分子上的相反电荷深深吸引。因此，水分子需要一股更强的能量，以提供足够的动能来克服氢键的力量。所以水的沸点比较高。

高沸点不是水的唯一性质。冰（固体水）是少数在液相中漂浮的固相之一。冰会漂浮在水中，因为当水变成固体，氢键会把水分子分隔开，而不是像其他固体那样把它们聚集在一起。因而冰的密度比水的密度低，冰可以在水里漂浮。但是冰的密度仅略低于水的密度，所以只有一小部分冰会露出水面，冰山就是一个例子。

▲ 离子键和共价键是将原子结合在一起的两种非常强的分子内力。当一个原子把一个或多个电子给另一个试图填满外层的原子时，就会形成离子键。两个原子结合时，通过共享电子对（通常由每个原子各供给一个电子）而形成的化学键就是共价键。

变化的物态

给固体加热时，固体中的原子振动速度加快、温度升高。达到特定温度时，固体会开始熔化。随着越来越多的热能加入固体，固体的温度不再升高，但是更多的固体会熔化。最终，固体彻底熔化变成液体，物态从固态变成液态。如果继续加入更多热能，液体的温度会继续升高。同理，达到某一温度时，液体会开始变成气体。向液体加入越来越多的能量，液体温度不再升高，但是更多的液体会变成气体。最后，液体彻底变成气体。如果继续加入更多能量，气体的温度会继续升高。

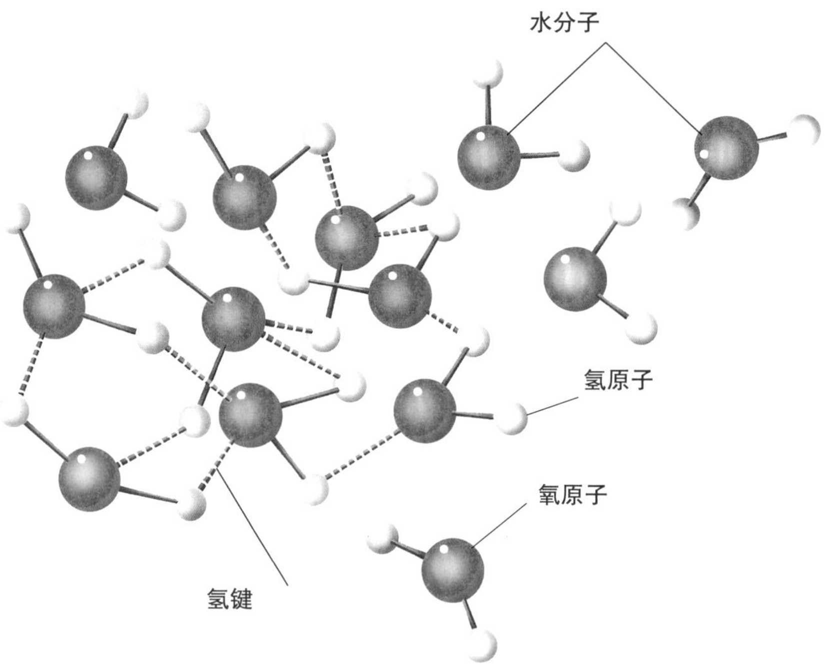

▲ 水分子是由被称为氢键的分子间作用力结合而成的。正是这种结合方式使水在室温下保持液态。

试一试

漂浮的冰

材料：玻璃杯、水、冰。

把冰加入装水的玻璃杯中，水面会上升。很多人认为当冰融化，水面会升得更高，因为有冰伸出水面。但事实并非如此。你可以自己试一试，然后看看会发生什么。往玻璃杯中放入一些冰块，然后把杯子放在平面上。向杯中倒水，直到水到杯口。部分冰块会伸出玻璃杯的杯口。等冰融化，并且观察。即使冰全部融化了，水也不会溢出杯口。

近距离观察

物质的第四种状态

等离子体通常被视为物质的第四种状态。等离子体由离子、电子及未经电离的中性粒子组成。离子是原子失去或获得了一个或多个电子后形成的带电粒子。当电子从原子中剥离，就形成了等离子体。从原子中剥离电子需要很多能量。因此，等离子体中的粒子有很高的能量。这种高能量让等离子体具有不同于固体、液体和气体的唯一性质。常见的等离子体包括太阳、闪电、北极光、荧光和火焰。等离子体实际上是最常见的物质状态，占可见宇宙的99%，可能还有很多我们看不见的东西。

▶ 用等离子球观察等离子体效应生动又有趣。玻璃球内充满低压气体，球体中心是一颗带电的金属球，当金属球带有足够多的电，火花会在金属球和玻璃壁之间游走。火花产生的热量使电子从气体原子上剥离，气体便变成等离子体，并使其发光。

◀ 镓是一种在室温下呈固态的稀有金属元素，但手掌的热量就足以使其熔化。在固态镓中，原子之间的化学键不是很强。来自手掌的热量使原子振动，直到化学键断裂，固体镓变成液体镓。

2 气体及其性质

气体是不断运动的物质，其性质受到温度和压强的影响，因此气体的用途广、用处大，比如气球、潜艇和汽车发动机。

你被气体包围。固体和液体很容易就能被看到，但是气体通常不容易被人看到。对气体的研究始于300多年前。第一位气体科学家研究的是空气。我们周围处处是空气。当科学家刚开始研究空气时，他们不知道空气是由许多气体组成的。他们最惊奇的发现之一是，尽管空气是许多气体的混合物，但是空气的行为和纯气体一样。事实上，不论是由单个原子、成对原子还是由多种原子组成的分子构成，所有气体的行为表现都差不多。

地球被一层气体混合物包围，我们称之为"大气层"。图中一个模糊的蓝色环围绕着地球的边缘。重力把这些气体聚集在地球周围。当这些气体经过陆地或海洋时，它们会收缩或膨胀，由此产生的压力变化影响着我们的天气情况。

在比较各种气体时，是在相同的温度和压强下进行比较。用于比较气体的标准叫作标准温压（STP）。在STP中，用摄氏温标或开氏温标衡量温度，压强的测量单位叫标准大气压，简称"大气压"。STP定义为0 ℃（或273.15 K，−320 ℉）、1大气压。进行有关气体和温度的计算时，科学家们用热力学温标（旧称"开氏温标"）。热力学温标的0 K是宇宙中的理论最低温度（−273.15 ℃，−4 590 ℉），所以热力学温标的温度总是正数。使用开氏温标方便计算。

化学家们通常用"摩尔"这一单位比较气体。在STP中，1摩尔任何气体的体积是22.4升（3立方英尺）。

气体的物理性质

所有气体都有一套共同的物理性质，即以下六种共同性质：

1. 所有气体都有质量。

质量衡量了某物所含的物质数量。充满氦气的气球有质量，但因为其质量比周围空气中气体的质量小，所以能飘起来。

2. 气体很容易被压缩——能被轻松压缩成更小的体积。

氧气瓶充满了被压缩的氧气。固体和液体不易被压缩。

▲ 这个巨大的气球能飘起来，是因为充满了氦气。氦原子的单位体积质量比大多数其他气体小，因此氦气要比周围空气更轻，气球会向上飘。

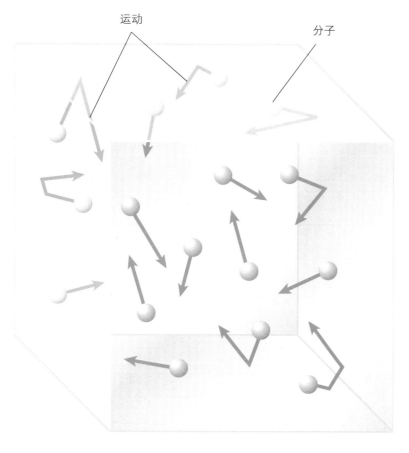

运动

分子

▲ 容器内的气体分子会在整个空间内运动，直到所有粒子都均匀分布。

5. 气体能施加压力。

汽车轮胎内的空气有压力。你可能在汽车、飞机或电梯里也经历过压力变化。电梯快速上升时，你可能会感到耳朵不舒服。这是因为耳朵需要保持恒定的压力来保护耳膜。

6. 气体压力取决于其温度。

高温下，气体压力会升高。反之，低温下，气体压力会降低。汽车轮胎就是这样。在夏季非常炎热的地方，轮胎可能会过度膨胀，很危险。在冬天寒冷的地方，情况正好相反。轮胎在寒冷的天气里会变软。

3. 气体可以扩散至整个空间。

在容器中，气体会四处扩散直到在容器内均匀分布。吹气球时，气球内部的空气分布在整个气球内。空气不会集中在气球内的某一部分。

4. 不同气体可以轻松穿过彼此。

一种气体穿过另一种气体的运动方式叫作扩散。扩散是由于气体粒子相互碰撞的随机运动而发生的。最终，气体粒子会均匀分散。扩散解释了为什么空气是一种气体混合物。

▼ 一种气体分子被引入另一种气体，会随机运动，发生碰撞，直到被引入的气体均匀扩散。这一过程是临时的扩散。

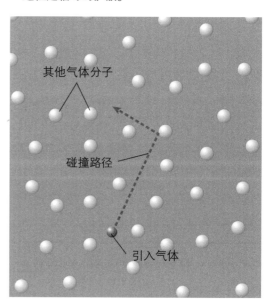

其他气体分子

碰撞路径

引入气体

这六种性质都可以用分子运动论解释。利用这一理论，科学家们可以搭建一个模型解释任何气体的每一种行为。

气体的分子运动论

分子运动论可以解释气体的六种性质。已知气体分子比固体或液体分子拥有更高的动能。气体分子总是在相互碰撞。把一个装满气体的容器想象成一个装满小橡胶球的大罐子。摇晃罐子的时候，橡胶球会相互碰撞，并与罐壁反弹。但是，气体分子有自己的动能，不需要人为摇晃容器。

这些气体分子间的碰撞叫作弹性碰撞。弹性碰撞的意思是在碰撞过程中没有能量损失。橡胶球不会发生弹性碰撞。当你丢出一个橡胶球，球会反弹，但是每一次反弹的高度都比前一次要低，因为在每次反弹时，部分能量转移到了地面。如果一个橡胶球有完美的弹性碰撞，那么小球就会持续反弹到相同高度。

试一试

泡沫会浮起来还是沉下去？

材料：洗洁精、水、小苏打、醋、吹泡棒、小碗、带盖的小瓶、橡胶管。

1. 在瓶盖上开一个洞，大小足够放入橡胶管。(此步骤可以让大人帮忙。)

2. 在碗里把少量洗洁精和水混匀。

3. 把吹泡棒浸入洗洁精水，然后移开，在空气中挥动吹泡棒。泡泡应该会飘起来。

4. 向瓶子中加入少量小苏打、水和醋，盖上盖子。这个反应会产生二氧化碳。

▶ 二氧化碳从管子中出来，吹出一个气泡。气泡下沉是因为二氧化碳比空气重。

5. 把吹泡棒浸入洗洁精水，然后靠近橡胶管的末端。管子里会产生足够的二氧化碳并"吹出泡泡"。观察这些泡泡。它们会掉在地上，因为二氧化碳比空气重。

近距离观察

扩散和渗透

有时候，气体粒子非常小，以至于每次只有一个粒子穿过分子之间的空间。这一过程与扩散有关，但是被称为渗透。这些艺术品展示了渗透如何影响充满不同气体的气球。

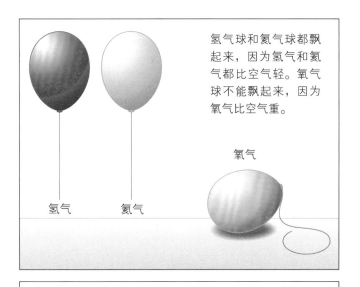

氢气球和氦气球都飘起来，因为氢气和氦气都比空气轻。氧气球不能飘起来，因为氧气比空气重。

氧气

氢气　　氦气

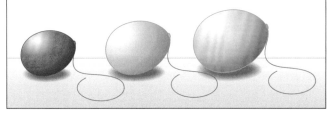

氢原子轻、移动速度快，所以氢气球会先泄气。

氦原子比氢原子稍重一些，所以氦气球泄气的速度要慢一些。

氧原子比氢原子和氦原子大、移动速度慢，所以氧气球会最后一个泄气。

▲ 气体通过渗透逸出的速度取决于其分子质量和分子运动的速度。质量更轻且移动更快的气体会比移动速度慢、质量重的气体释放得更快。

由于气体分子有动能，气体分子会撞击容器壁，由此产生压力。气体的性质之一是随着温度升高，压力也会增大。这可以解释为，在较高的温度下，气体分子运动得更快，因此与容器壁的碰撞次数更多。

气体的分子运动论可以概括为四点：

1. 气体由不断无序运动的分子构成。

2. 气体分子仅通过碰撞来互相影响；彼此之间不会施加其他力。

3. 气体分子间的所有碰撞都是完美的弹性碰撞；所有的动能都是守恒的——气体中的动能总量不变。

4. 气体分子的体积很小；气体体积的绝大部分是气体分子运动的空隙。

测量气体

气体用四种变量描述。这些变量也用来预测条件改变时气体的行为。这四种变量是体积、温度、压力和气体分子数。

气体量（n）以摩尔表示。被测样品中的气体量用气体的质量（克）除以1摩尔气体的质量（克/摩尔）获得。

气体的体积（V）是容器的体积。气体的体积通常以升（L）为单位。

温度（T）通常用温度计测量。科学家们使用温度计来测量温度，单位是摄氏度（℃）。涉及气体的计算使用热力学温标（K）来测量温度。摄氏温度加273.15即为热力学温度。压强（p）衡量了分子与容器壁的碰撞次数。由于粒子撞击容器的所有表面，所以压力是粒子向外推撞容器内表面的力。

化学在行动

压强和潜水

你感受不到它，但是大气在压你的身体，水也在施加压力。你潜入得越深，压强越大。水面的压强定义为1大气压。每下潜十米，潜水员所承受的压力就增加1个大气压。这种压力会给潜水员带来一些问题，它会使血液中的氮气溶解。如果潜水员快速浮出水面，压力突然释放会在血液中形成氮气泡，让人疼痛，有时甚至致人死亡。

▶ 潜水员使用的加压舱可以使其血液中的气体缓慢回到正常水平。这一过程需要数个小时。

关键词

- **压缩**：通过挤压或施加压力减小尺寸或体积。
- **气体**：一种扩散充满可用空间的物质，比如空气。
- **摩尔**：物质的量的单位，称为阿伏伽德罗数常量，等于 $6.022\,14 \times 10^{23}$ 摩$^{-1}$。
- **温度**：表示物体冷热程度的物理量。
- **体积**：固体、液体或气体所占的空间大小。

气体定律

17世纪至18世纪，当科学家们开始研究气体时，他们发现改变特定条件后，气体的行为都类似。这些观察结果和实验最终汇成了许多描述气体行为的科学定律。这些科学定律叫作气体定律。气体定律可以用气体量、体积、温度和压力等变量进行数学表示。

玻意耳-马略特定律

17世纪，英国化学家罗伯特·玻意耳发现空气可以被压缩。他用密封在管子里的空气开展了一系列实验。在保持温度不变的情况下，通过增大或减小压强，他发现空气体积发生了变化。玻意耳的实验证明了压强和体积之间存在数学关系，并用

▼ 罗伯特·玻意耳关于压缩活塞中的气体的实验表明，温度保持不变时，当气体的压强增加时，其体积就会减少。

压力 =100 kPa

体积 =8 m³

压力 =200 kPa

体积 =4 m³

压力 =400 kPa

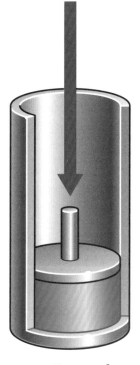

体积 =2 m³

试一试

缩小的气球

材料：气球、冰箱。

1. 吹一个气球。

2. 把气球放在冰箱里约30分钟。

3. 把气球从冰箱里拿出来。和放进冰箱之前相比，气球的大小有什么变化？

随着气球升温，你认为会发生什么？观察并找出答案吧。气球的大小会发生变化，因为分子运动随着温度的降低而减速，随着温度的升高而加速。

▶ 上图是气球刚吹起来的样子。下图是同一个气球在冰箱里放了大概30分钟以后的样子。气球略微缩小了一些，因为气球内的气体体积会随温度降低而减小。

下列等式表达这种关系：

$$p_1V_1 = p_2V_2$$

这个等式告诉我们，气体最初的压强（p_1）乘以最初的体积（V_1）等于气体最终的压力（p_2）乘以最终的体积（V_2）。

根据这个等式，如果压强增大，体积就会减小。反之，如果压强减小，体积就会增大。由于数值的变化方向相反，也被称为反比关系。

查尔斯定律

18世纪，法国化学家、物理学家和航空学家雅克·查尔斯，对气体也很感兴

◀ 雅克·查尔斯是一位研究气体的法国物理学家。他致力于研究氢气、氧气和氮气，他发现，在0℃时，温度每升高1℃，气体的体积就会膨胀1/273。他是第一个乘坐氢气球升空的人。他在一次飞行中，达到了约3 000米的高度。

▼ 查尔斯用可移动活塞进行实验，从而证明加热气体会改变其体积。在室温下，活塞保持在相同的水平。

▶ 当容器受热时，气体分子更有活力，开始对活塞施加压力，使活塞向上运动。当热源被移走，活塞下沉。

趣。他的工作主要围绕气体温度和体积的关系展开。他在理想气体、恒定压力的情况下，设计了一种实验设备，把气体困在可移动的活塞里。通过加热或冷却容器，测量随着温度变化，活塞移动情况。通过计算活塞的移动量，他就能计算出在不同温度下气体体积的变化。查尔斯在理想气体、恒定压力的情况下，用下列等式表达这种关系：

$$V_1/T_1 = V_2/T_2$$

这个等式的意思是，最初的体积（V_1）除以最初的温度（T_1）等于最终的体积（V_2）除以最终的温度（T_2）。

根据这个等式，如果温度升高，体积就会增大。反之，如果温度降低，体积就会减小。由于数值变化方向相同，这种关系被称为直接关系。在缩小的气球实验中，通过比较放入冰箱之前和之后的气球体积，来体现这种关系。

阿伏伽德罗定律

19世纪初，意大利化学家阿伏伽德罗就气体分子数量和气体体积，提出了一种简单但是深奥的关系。这种关系表明，在相同温度和压强下，1摩尔任何气体所占的体积相等。

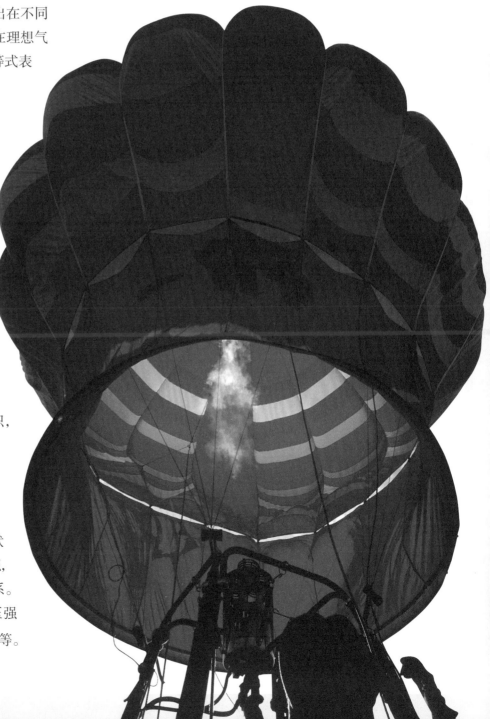

▼ 热气球上升，是因为内部的空气被加热，分子获得能量并运动得更远，从而增加了气球内的空气体积。

后来，科学家们证明了阿伏伽德罗的假设正确。实验证明在STP条件下，1摩尔的任何气体的体积为22.4升。阿伏伽德罗定律用下列数学等式表达：

$$V_1/n_1 = V_2/n_2$$

这个等式表明气体最初的体积（V_1）除以最初的摩尔数（n_1）等于气体最终的体积（V_2）除以最终的摩尔数（n_2）。简而言之，如果气体体积增加，摩尔数也会等比例增加。只有当气体的温度和压强在整个实验过程中保持不变时，这一等式才会成立。当体积增加，摩尔数也会增加，所以这个等式代表了一种直接关系。

理想气体状态方程

三种气体定律都与描述气体的特定变量有关。这些气体定律可以概括为一个等式，即理想气体状态方程。理想气体状态方程结合了每个等式中表示的比例。综合起来，理想气体状态方程表示为：

$$pV = nRT$$

除了新的常数R，其余四个变量都已在前文进行了介绍。常数R被称为摩尔气体常数，简称"气体常数"。气体常数的值是8.314 47，单位是焦/（摩·开）。这个常数表示STP条件下的气体压力、体积和温度之间的关系。

化学家们将此称作理想气体状态方程，因为它用压强、体积、温度和摩尔来描述理想气体的行为。对于化学家来说，理想气体是由分子运动论描述的气体。虽然不存在理想气体这种东西，但它确实描述了真实气体在接近STP条件下的行为。在非

气体定律总结

定律	解释	等式	常数
玻意耳–马略特定律	p与V成反比	$p_1V_1=p_2V_2$	温度和摩尔数
查尔斯定律	V与T成正比	$V_1/T_1=V_2/T_2$	压强和摩尔数
阿伏伽德罗定律	V与n成正比	$V_1/n_1=V_2/n_2$	压强和温度

p=压强　V=体积　T=温度　n=摩尔数

常低的温度下，气体的行为符合理想气体的条件。

大气

气体压强以大气压为单位。用来测量气体压强的仪器是气压计。气压由大气中气体的重力作用引起。

气压随着天气变化而变化。气压也会随着高度变化而变化。高度升高，气压减小。对于一架商用喷气式飞机，在 10 600 米高空飞行时，飞机外部的气压只有海平面气压的约 1/20。

▼ 海拔越高，气压就越低。在珠穆朗玛峰的山顶，气压低空气稀薄。登山者会携带氧气瓶供氧，因为山上的氧原子不足。

3 液体

液体是一种有趣的物质状态，有许多独特的性质。液体没有自己的形状，不能被压扁或伸长。液体可以是浓稠的、流动的。水是所有液体中最独特的。

液体的形状就是盛装容器的形状。但是，液体的体积不会随着容器的体积或形状而变化。所以，不同于气体，液体的体积固定，但是形状多变。

在气体中，分子之间距离较远，有足够的动能改变体积。对于液体而言，分子之间距离更近，彼此之间会互相吸引。尽管分子彼此之间的距离很近、

海水本身没有形状，而是根据包围它们的陆地的形状来塑造自己。

相互吸引，但是也有足够的动能，可以彼此滑动。液体能以这种方式运动，所以液体能够呈现出容器的形状。

液体物质由分子构成。这些分子具有不同的分子力，会影响分子间的距离及相互作用。分子力的强度还会影响液体的某些物理性质。

物理性质

如果你曾试着倒蜂蜜，你就会知道蜂蜜的流速比水慢得多。蜂蜜很浓稠。"黏性"一词用来形容液体的倾倒。黏性被定义为液体对流动的阻力。蜂蜜的黏性高，水的黏性低。所以水可以自由流动，但蜂蜜却不能。液体中的分子力生成了黏性。如果分子力强，分子就无法轻易地彼此滑动，黏性就高。

黏性也受温度影响。在高温下，分子有更多能量，可以克服一部分的分子力并轻松移动，这就减少了黏性。反之，在低温下，由于分子具有的能量少，所以黏性就会增加。

与水相比，医用酒精的黏性很低。如果往平面上倒相同体积的水和医用酒精，医用酒精的扩散速度比水快。

▼ 蜂蜜是一种质地黏稠的高黏性液体。这种黏性使得蜂蜜沿着勺子或长柄勺缓慢地流下。

分子力的另一种表现是液体的表面张力。你可能见过一种叫水黾的昆虫在水面上滑行。水黾被水的张力托起。不均匀的力在液体表面形成表面张力，使得液体表面像薄膜一样。水的表面张力非常大。为了证明表面张力的强度，请做一下下文"漂浮的针"的实验。

表面张力解释了为什么水珠会浮在荷叶表面上。如果你见过散落在窗户上的雨滴，你会发现这些雨滴是圆形的。这是由水的表面张力引起的。水滴呈圆形，以减少表面积。

▶ 这些种子漂浮在池塘表面，而没有沉下去。这是因为水有很高的表面张力，就像一层薄膜。种子不够重，无法克服支撑表面水分子的力，所以种子无法下沉。

化学在行动

黏性和机油

机油有各种黏度可供选择。你可能听说过30重或40重的机油。重指的是黏性。重越高，黏性越高。根据天气，选择合适黏性的机油很重要，可以防止磨损发动机。

有些机油叫多重机油。向石油中加入一种叫聚合物的化学物质。机油被加热时，聚合物可以控制黏性的变化。多重机油更适合多变气候下的汽车发动机，可以在很广的温度范围内保持适当的黏性。

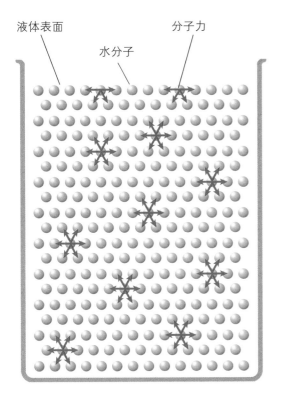

液体表面　　　　　　　　分子力
　　　　水分子

◀ 液体的表面张力是源自分子间力。在液体分子体内，它们四周都被包围，所以液体分子施加在各个方向上的力是均匀的。在表面，分子上方没有其他液体分子，所以邻近分子间的横向力变得更强，形成了一个坚固的表层。

▼ 在洗车时，喷出的水与化学物质混合，使水迅速从汽车表面流走。

下去。有时候，减少液体的表面张力是有用的。当车身湿的时候，水会在车上形成"水珠"。在洗车时，向冲洗水中添加少量化学物质，可以降低水的表面张力，从而使水滴散开而不是聚集起来，可以更快地冲掉洗剂。

陌生的水

水是地球上最常见的液体。水存在于海洋里、大气层、江河湖泊和冰川里。所有生物体都需要水，水是身体中的重要组成部分。事实上，人类身体的60%是水。虽然水在地球上随处可见，但是水也有许多不同寻常的性质。

表面张力与黏性有关。高黏性液体具有高表面张力。在盘子里滴一滴蜂蜜，它可以保持圆形的形状。如果在盘子里滴一滴医用酒精，则会大面积散开。因为分子之间的分子力低，所以医用酒精的表面张力低。

和黏性一样，表面张力也受温度影响。在低温下，因为分子拥有更少的动能，分子更难克服分子力，所以表面张力更大。在高温下，分子拥有更高的动能，所以表面张力变小。

向液体中加入另一种物质也会减小表面张力。可以用洗洁精减小水的表面张力。如果你重复漂浮的针的实验，你可以向盛水的碗里加一滴洗洁精，针会很快沉

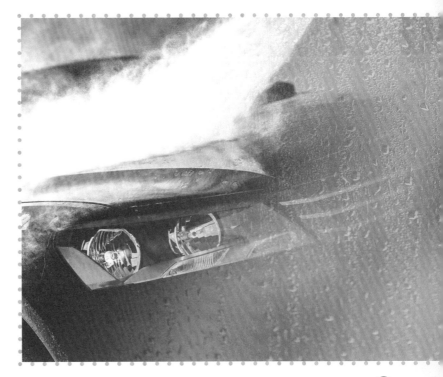

试一试

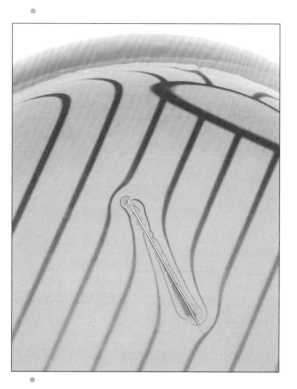

漂浮的针

材料：缝纫针、水、碗、镊子。

1. 碗里装满水。

2. 用镊子水平夹着针。

3. 慢慢把针放到水面上。

4. 当针呈水平状态并与水面接触时松开手。针会浮在水面上。你可能需要多尝试几次才能让针浮起来。针能浮起来是因为水具有很高的表面张力，可以撑起针的质量。

如前文所述，固体形态的水会浮在液体形态的水中。很少有物质有这种罕见的性质。这一性质在自然界中很重要。当湖面结冰时，冰层会将湖面下的水与湖面上的降温空气隔开，这使得水中的动植物得以生存。

对于相似分子大小的化合物来说，水的沸点相对较高。其他分子大小类似的化合物，比如氨气（NH_3）、氢氟酸（HF）和硫化氢（H_2S），都是室温下的气体。

由于氢键的缘故，水能吸收大量的热。水的大热容通过吸收和释放热来抵抗昼夜之间的巨大温度变化，从而有助于调节地球的整体温度。

水只能在高温下变成气体。水需要大量的能量才能从液体变成气体。

水的高表面张力会引起毛细现象（亦称"毛细作用"）。由于水面不均匀的力，水会在细管里上升。水能从树根被运到树叶的原因之一就是毛细作用。

水还擅长溶解其他物质。由于这一性质，水常常被叫作万能溶剂。溶剂是溶解另一种物质，从而形成溶液的液体。

▶ 水通过毛细作用到达树叶。

▼ 从下面两个玻璃管可以看出，液体的表面张力和密度决定了液体在管子里的上升高度。窄管（左）中的液体比宽管（右）中的液体上升得高。树木的茎上有狭长的管子，可以把水拉上来。

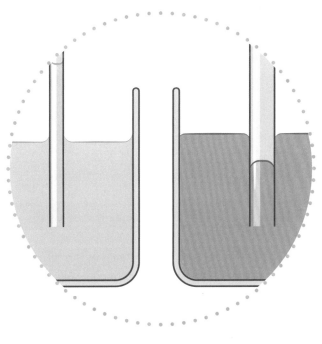

化学在行动

雨滴

人们常形容雨滴是泪滴状。但是雨滴从天空坠落的时候，并不是雨滴状。水具有高表面张力，当水滴在一起时，会把所有的分子拉到一起。所以水滴会呈球形，因为在球体中，表面张力是相等的。当雨滴下落时，由于空气阻力，其底部表面会稍微变平，但雨滴的顶部仍然是圆形的。

雨滴通常直径0.1～5毫米，但也可以达到8毫米。如果雨滴变大，空气阻力会使其分解成更小的雨滴。

▲ 这张雨滴的高速照片显示，它们不是泪滴状，而是球形的。

从液体到气体

向液体中加入足够的热，液体会开始沸腾并变成气体。这个温度被叫作沸点。加热液体，液体中的分子会有更多动能。当分子获得足够的动能，分子会逃脱液体的分子力，变成气体。液体变成气体的过程叫作汽化。汽化既包含了沸腾，也包含了蒸发。

如果你曾经把一杯水放在外面很长一段时间，你可能会注意到水的体积随着时间的推移而减小。部分水分子从水中逃跑，变成了气体。这一过程叫作蒸发。液体在蒸发时，无需沸腾就可以变成气体。温度可以衡量平均动能。实际上，有些分子的能量高于平均水平，而另一些分子的能量则低于平均水平。有些高动能分子有足够的能量克服分子力，从液体中逃跑变成气体。随着温度上升，蒸发也会增加，因为更多的分子有足够的能量逃脱液体。

如果把部分水放在容器内，然后抽出多余的空气，液体会蒸发，直到液体和蒸气的压力达到平衡。此时，蒸气压力叫作液体的蒸气压。同时，随着一些水分子蒸发，部分蒸气分子会凝聚或回到液体中。到达平衡时，蒸发速度等于凝结速度。

试一试

罐子里的云

材料：又大又结实的罐子、量杯、水、浮水蜡、橡胶手套。

水蒸气是无色气体。但是，如果水蒸气快速冷却，就会形成微小的液滴，当其散射光线时，液滴看起来是白色的。这就是喷射机飞过留下的飞机云。

1. 向罐子里倒入约四分之一的水。

2. 把橡胶手套翻过来，反面向外。把浮水蜡放罐子里，让大人帮忙点燃蜡烛。几秒钟后，吹灭蜡烛，迅速将手套完全包住罐子口。

3. 把手放入手套里，把手伸进罐子里。小心别碰蜡烛，它可能还很烫。

4. 小心地将手指弯曲成拳头，向上拉，同时稳住罐子。你会在罐子里看到一朵云。当你停止拉动时，云就会消失。云的形成是因为压力的变化导致一些水蒸气凝结（变回液体）并变得可见。

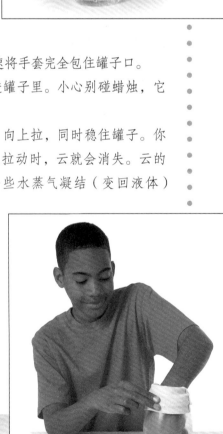

化学在行动

冻干食品

人们用一种叫作冻干的方法保存了许多食物。冻干可以去除食物的大部分水分，让食物可以在室温下保存很长时间。吃的时候就往食物里加热水，食物吸收了水分，就可以吃了。冻干用途很大，因为许多味道和气味被保留了下来。

冻干的原理是利用水的蒸气压。食物首先被冷冻，然后暴露在低温和低压的环境下，这样食物中的冷冻水就会变成气体，而不会再次变成液体。食物中的气体逸出。然后将食物密封储存以防止水分进入。这些食物可以储存起来备用。旅行者发现这种方法特别有用，因为冻干食物方便携带。

所有的液体都会产生蒸气。分子力弱的液体，不需要很多能量就可以蒸发。因为分子力很弱，所以外用酒精具有低黏性和低表面张力。酒精的蒸发速度也比水快，因为分子不需要很多能量就可以从液体中逃脱。

沸点

加热一锅水，锅底上会形成很多小泡泡，因为锅底的水先到达沸点。这些泡泡都是水蒸气。随着温度越来越高，更多的水会达到沸点，泡泡会变得更大。很快，大量的泡泡迅速上升到水面。当你看到这些气泡，你就知道水开了。

有时候，小泡泡会在锅底的水达到沸点前就消失。这些实际上是空气溶解在水中产生的气泡，因为随着温度升高，空气在水中的溶解度会降低。

如果你试着在高海拔的地方（比如山顶）煮鸡蛋，会发现煮鸡蛋的时间要比在低海拔的地方煮的时间长。因为高海拔处的大气压低。当蒸气压等于大气压时，水就会沸腾。在高海拔处，大气压更低，所以水沸腾的温度也更低。事实上，如果你把压强降低到一定程度，水就会在室温下沸腾。

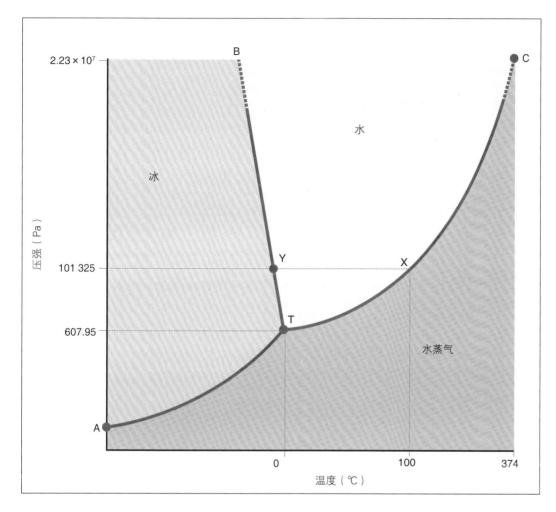

◀ 水的相图展示了在给定温度和压强下的水的物理状态。点T叫三相点。在点T，水会同时以三种物相存在即固态、液态和气态。点X是沸点，点Y是标准条件下的冰点。点C是临界点。线BT标志着冰和水的界限。线CT是水和蒸气的界限。线AT是冰和蒸气的界限。沿着这些界限，我们称这两相处于平衡状态。

临界点

如果液体的温度和压强都增加，蒸气的密度变大，而液体的密度会变小。蒸气密度和液体密度相等的点叫作临界点。一旦超过这个温度，即使在高压下，蒸气也不能变成液体。

相图表明物质的状态受温度和压强影响。上文讨论过在封闭容器中对水的影响。当水到达蒸气压，蒸发速度和凝结速度会相等。上面的相图将蒸气压表示为一条线。沿着这个边界，水可以同时以液体和气体的形式存在。

4 溶液

　　物质很少是纯的。大多数时候，它们以不同的方式混合在一起。溶液是一种混合物。一杯咖啡、一根钢筋甚至空气都是混合物。其他混合物包括悬浮液和胶体。

有两种基本的混合物：均匀混合物和非均匀混合物。均匀混合物中所包含的各种物质均匀混合在一起，所以人们看不到它们。非均匀混合物中所有的成分依然可辨，它们可以相对容易地彼此分离。海水是一种均匀混合物，所以我们无法看到海水里的水、盐和其他混合物。一碗面是非均

药片可溶于水。在这个过程中，药片分解成最小的单位，扩散到水中。

匀混合物，所以能看到肉汤、面条和其他成分。

溶液是最常见的均匀混合物，是处于单一物理状态的均匀混合物。最常见的溶液，比如海水或苏打水，都是液体。溶液也可以是气体或固体。空气是气体的溶液，而青铜是固溶体。

溶液的性质

为了制作溶液，必须有一种或多种物质溶解到另一种物质中。被溶解的物质叫作溶质。用于溶解溶质的物质叫作溶剂。比如，如果向一杯水中加一勺食盐，就可以得到一种溶液。食盐在水中溶解，盐就是溶质，水就是溶剂。

然而，不是每一种物质都会在其他物质中溶解。你可能听过"油不溶于水"这句话。你可以向水中加入油来证明这句话。如果溶质不溶于溶剂，则称为"不可溶"。如果一种溶质溶于溶剂，就称它可溶。

▲ 将油倒入盛有水的烧杯中，会在顶部形成一层油，油和水不会混合。如果让这两种液体静置，它们总是会分层，水在底部。

溶液类型

很多人认为溶液是液体，但事实并非如此。溶液可以是不同状态下溶质和溶剂的任意组合。

固溶体通常至少包含一种金属。例如，纯银中混入了少量的铜。银是溶剂，铜是溶质。用于制作珠宝的黄金也含有溶解在其中的铜，钢铁是通过在铁中溶解少

关键词

- **溶质**：溶解于溶剂中形成溶液的物质。
- **溶液**：由两种或两种以上不同物质所组成的均匀物系。
- **溶剂**：能溶解其他物质的物质。

量的碳而制成的。包括金属在内的固溶体称为合金。合金是在金属熔化成液体时混合而成的。

气体溶液是由两种或多种气体组成的均匀混合物。气体溶液的一个例子是空气。空气主要由氧气和氮气组成，大部分是氮气（78%），所以氮气是溶剂。氧气占空气的21%，所以氧气是主要溶质。空气中还含有其他几种气体溶质，包括氩气和二氧化碳。

液体溶液必须包括一种液体溶剂，但也可以有固体、液体或气体作为溶质。比如，河水中溶解了氧气。鱼和其他水下生物都依赖氧气生存。固体也能与液体形成溶液。例如，糖块会在温水中溶解。

可以溶解液体的液体比较少见，比如汽车散热器里的防冻剂。水溶解在防冻剂中，防冻剂可以防止水结冰。

容易混合的液体，如防冻剂和水，被认为是可混溶。而油和水等其他液体不能混合，不能混合的液体被称为不混溶。

在水中溶解

有时，水被叫作万能溶剂，因为水可以溶解许多不同物质。水形成的溶液叫水

▼ 地球周围的大气层是多种气体的混合物。由于每种气体的分子都均匀分布，所以大气可以被称作气体溶液。

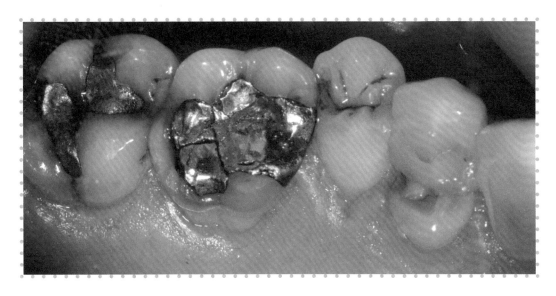

▲ 用金属填充物修复的牙齿。填充物由汞合金制成，是一种银和金溶解在汞中的合金。

溶液。单词"含水的（aqueous）"源自拉丁语"aqua"，"aqua"在拉丁语中的意思是"水"。

溶质溶于水，要么形成离子，要么形成分子。离子是失去或获得一个或多个电子的原子。所以，离子有电荷。一个失去电子的离子带一个正电荷，而获得一个电子的离子带一个负电荷。分子是两个或多个原子的集合，原子被化学键结合在一起，所以分子不带电荷。

带相反电荷的离子会相互吸引，带相同电荷的离子会相互排斥。引力使离子结合形成化合物。化合物是含有两种或两种以上元素的原子，通过化学键结合在一起的物质。离子化合物总是包含正负离子。当这些化合物溶解在水中，离子会分开。

氯化钠是典型的离子化合物，由带正电荷的钠离子和带负电荷的氯离子构成。当氯化钠溶于水，会分解成钠离子和氯离子。

当原子共用电子，便形成了分子化合物（比如糖）。分子化合物溶解时也会分解，但是会分解成不带电荷的分子。

带电流

由于带电荷，被溶解的离子会带着电流穿过溶液，因此，离子溶液是一种电解质——带电流的液体。分子溶液不含带电粒子，所以不导电。

关键词

- **化合物**：由两种或两种以上元素的原子或离子组合而成的物质。
- **电解质**：在水溶液（或非水溶液）中或在熔融状态下能导电的化合物。
- **电子**：绕原子核运行的带负电荷的粒子。
- **不混溶**：各物质无法混合。
- **离子**：原子失去或获得电子后所形成的带电粒子。
- **混溶**：各物质可以混合。
- **分子**：物质中能够独立存在并保持该物质所有化学特性的最小微粒。

试一试

多彩的溶液

通过这个简单的实验，你可以观察固体在液体中的溶解过程。你需要准备一个透明水杯、少量果汁粉和一把小勺。

1. 杯子装满水。

2. 用小勺取少量果汁粉。

3. 将果汁粉倒入水杯，轻轻摇晃水杯。

4. 当粉末落入玻璃杯时，观察粉末晶体的变化。

果粉饮料中的微小颗粒就是溶质。你能看到它们在水中溶解，形成一杯带颜色的溶液。颜色会从晶体中扩散出来，最终充满整个玻璃杯。这是扩散作用的结果。扩散作用使液体或气体扩散，是组成气体或液体的分子的随机运动的结果，就像布朗运动一样。

▼ 茶水是干茶叶中的化学物质在热水中溶解后形成的溶液。浓茶的化学物质浓度比淡茶高。

物质的量浓度

物质的量浓度简称浓度，用于衡量一定数量溶液中的溶质数量。了解物质的量浓度非常有用，化学家们可以借此精确地比较溶液或混合物质的情况。

可以用多种方式衡量物质的量浓度。化学家们用三种方式表示物质的量浓度：摩尔浓度、质量摩尔浓度和摩尔分数。

化学家常常用摩尔浓度表示浓度。溶液的摩尔浓度是指1升溶液中溶质的摩尔数。要计算摩尔浓度，你需要找到溶质的摩尔数，然后除以溶液的体积。

质量摩尔浓度是一种类似的浓度衡

量方法。质量摩尔浓度是指1千克溶剂中所含溶质的摩尔数。在某种程度上，质量摩尔浓度比摩尔浓度更精确。如果液体的温度变化，体积也会稍微改变。质量摩尔浓度基于溶剂的质量，而不是体积，所以不论温度如何改变，质量摩尔浓度都不变。而摩尔浓度以体积为基础，随温度的变化而略有变化。

摩尔分数是第三种衡量浓度的方法，是指溶液中一种物质的摩尔数除以混合物中所有物质摩尔数的总和。所有的摩尔分数加起来等于1。摩尔分数不受溶液温度影响。

关键词

- **物质的量浓度**：简称"浓度"。单位体积混合物中含有溶质的量。
- **扩散**：气体或液体分子散开的过程。
- **质量摩尔浓度**：每千克溶剂中所含溶质的摩尔数。
- **摩尔浓度**：用每升溶液中所含溶质的摩尔数表示的浓度。
- **摩尔**：1摩尔包含6.02×10^{23}个基本粒子。
- **摩尔分数**：某一物质的摩尔分数等于该物质的摩尔数除以混合物中所有物质摩尔数的总和。

饱和与溶解度

向溶液中加入一种溶质，仅一定数量的溶质能在溶液中溶解。在给定温压条件

◀ 2个盛有淀粉溶液的烧杯。向淀粉中加入几滴碘酒，溶液颜色会发生变化。颜色深浅取决于淀粉浓度。随着碘酒浓度升高，溶液会很快变成深蓝色。

下，溶液所含溶质的量达到最大限度，溶液即为饱和。如果向一杯温水加入几勺糖，无论多用力搅拌，总有一些糖不会在水里溶解。水中糖已经饱和了，剩下的糖都留在杯底。

溶解度的定义为，在一定条件下，溶解于溶剂中的溶质数量。一种物质的溶解度随条件的变化而变化。比如，相比于冷水，热水可以溶解更多的糖。

影响溶解度的因素

一种物质的溶解度由溶剂和溶质的性质决定。比如，溶剂和溶质要么是极性的，要么是非极性的。极性分子在特定位置上带有小电荷。这些位置即极点，就像磁铁的北极和南极。非极性分子没有极点。当分子中的某些原子比其他原子更能吸引电子时，就形成了极性分子。电子在一个极点聚集，使该极点带负电，分子的另一端就成了带正电的极点。

一般情况是"相似相溶"。带极性分子的溶剂可以溶解带极性分子的溶质。但是，极性溶剂不能溶解带非极性分子的溶质。

水是一种极性溶剂，可以溶解极性溶质，包括离子化合物。盐很容易就能在水里溶解。但是，汽油是一种非极性溶剂，所以盐不能在汽油里溶解。

温度和压强会影响溶解度，并且温度影响程度大于压强影响程度。一般而言，温度越高，溶解于溶剂的溶质就越多。有许多因素能决定温度对溶解度的影响情况。

关键词

- **饱和**：在给定温压条件下，溶液所含溶质的量达到最大限度。
- **溶解度**：在一定温度和压力下，物质在一定量溶剂中溶解的最高量。

▼ 一杯在高压、蒸汽条件下制作的浓缩咖啡。

近距离观察

变化的溶解度

可以通过比较砂糖和方糖在水中溶解的速度，了解物质的表面积如何影响其溶解度。

砂糖与溶剂接触的表面积更大，所以溶解速度比方糖快。

搅拌会增加溶质溶解的速度，因为搅拌会将高浓度的溶解糖从未溶解的糖中扫走，这样新的不饱和溶剂就可以与其接触。

高温下，溶剂分子的动能更大。当溶剂分子移动速度加快，会与更多溶质接触，因此增加了溶解速度。

▶ 前四张图片说明，糖在小颗粒状态下比在方块状态下溶解得更快。这是因为小颗粒比方糖的表面积更大。最后两张图片说明热水会加快糖的溶解。

试一试

制作冰淇淋

冰淇淋是一种由冻牛奶和香精制成的溶液。要制作冰淇淋，需要准备2杯牛奶，四分之一杯白糖，2茶匙香草精，4杯冰，二分之一杯盐，一大一小2个密封塑料袋，还有一些胶带。

1. 向小号密封袋里加牛奶、白糖和香草精，用胶带封口。

2. 在大密封袋里将冰块和盐混匀。

3. 把小密封袋塞入大密封袋的冰块里，尽可能被冰块包裹。

4. 上下左右摇晃大密封袋15分钟。

5. 拿出小密封袋，就可以享用你的冰淇淋了。

盐可以降低大密封袋里的冰块的温度，低到足以冰冻牛奶和糖的混合物，从而制成冰淇淋。

固体溶质在溶剂中的溶解速度受3个因素影响：溶质和溶剂的混匀速度、温度以及溶质的总表面积。细粉比一大块粉末溶解得快。

物理性质

有时候，溶液的性质不同于纯溶剂。比较典型的一个例子是，当溶质溶解于溶剂中，溶剂的颜色会发生变化。

加入溶质可能也会改变溶剂的熔点和沸点。比如，纯净水在0℃结冰，在100℃沸腾。但是，盐在水里溶解的时候，溶液的熔点会下降，沸点会上升。确切温度取决于溶解的盐量。例如，海水在大约−17.5℃结冰。

熔点改变的原因是，溶质挡住了溶剂分子。在纯液态水中，分子一直在运动、彼此碰撞。当水温达到0℃时，分子碰撞时开始粘在一起，很快就会结冰。然而，当分子与冰结合时，其他分子会挣脱并重新加入液体。到达冰点的时候，结冰的分子与融化的分子一样多。在冰点以下，结冰的分子比融化的分子多，冰块的体积会越来越大。

混入盐离子后，水分子之间就不会频繁发生碰撞。有时候，水分子会撞击钠离子或氯离子。在0℃以下，水不会结冰，因为水分子聚集的次数不够多。可以形成固态冰的分子数量，远远少于变成液体的分子数量，所以不会结冰。

▼ 天冷的时候，卡车向路面撒岩盐。盐可以融化路面的冰，并防止再次结冰。路面结冰对司机来说很危险，会让车轮打滑。

悬浮体

▼ 河流蜿蜒穿过森林。河水是淤泥的悬浮液。流速较快的河水中悬浮着较大的颗粒物。随着河流变宽、流速变缓，较大的颗粒物会沉淀在底部。

自然界中，并非所有的混合物都是溶液。悬浮体是一种非均匀混合物，也称悬浮液，是固相颗粒悬浮于液相中的一种多相分散系统。这些颗粒足够大，最终会沉底。如果你曾经摇晃过一个雪花球，里面的假雪就会形成悬浮体，然后慢慢地沉底。

漂浮在悬浮体里的颗粒足够大，可以被过滤掉。这些颗粒也可以阻挡光线穿过悬浮液。因此，悬浮体混浊，很难看透。比较恰当的例子是泥水，泥水是一种由漂浮在水里的微小土壤颗粒组成的悬浮体。

悬浮体可以由固体、液体和气体的混合物构成。气溶胶是以液体或固体微粒为分散相而分散在气体介质中的溶胶。此类

混合物由喷剂产生。固体通常悬浮在液体里，比如泥水，但是两种液体也可以形成悬浮体。这两种液体一定不能混溶，比如油和水。其中一种液体形成小液滴，悬浮在另一种液体中。这种悬浮液叫作乳液。

胶体

胶体是物质存在的一种状态，粒子分散于介质中形成的分散系。这些粒子比分子或离子大，但是不够重，无法沉淀。而且，这些粒子太小，无法被过滤。胶体在自然界中很常见，牛奶、蛋黄酱和烟都是胶体。

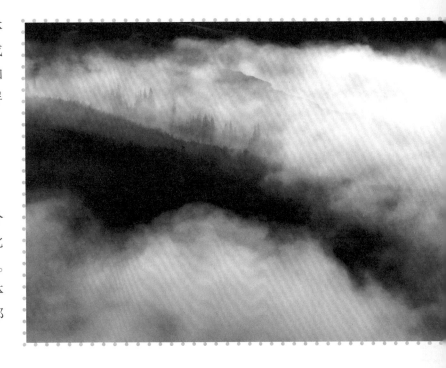

▲ 雾笼罩着山坡。雾是由散布在空气中的小水滴组成的胶体。

试一试

转起来吧

通过这个小实验，你可以让悬浮体里的液体和固体分离。需要一个空的大罐（比如咖啡罐）和一些绳子。让大人帮忙，当心！你可能会被淋湿！

1. 让大人在罐子上端开两个小洞。两个洞正对着，靠近罐口。确保罐口不锋利，没有危险。

2. 把绳子穿过两个小洞，做一个提手。

3. 罐子里装一半水，加一把土。搅拌，混匀，制成悬浮体。

4. 把罐子拿到空旷的室外。提着绳子，旋转罐子至少20次。一定要紧紧抓住绳子。

5. 无须摇晃罐子，把一些水倒入玻璃杯里，然后观察。如果水仍然很混浊，再多旋转几次罐子。

土壤中的细小粒子漂浮在水中。当旋转罐子时，旋转力将粒子推向罐底，加速沉降过程。罐子和绳子形成了一个简单的离心机。离心机是一种用于分离液体或气体中的悬浮物质的旋转机器。

5 固体

固体是物质中能量最小的形式。固体内部，原子都连在一起，因此固体具有固定的形状。

固体随处可见，地面是固体，建筑是固体，鞋子是固体，甚至这本书也是固体。根据分子运动论（描述原子和分子的运动），固体的原子总是在运动。但是，已知原子被固定在固体内，让固体具有固定形状。所以，固体中的分子不像液体或气体中的分子那样四处移动，而是在一个范围内来回振动。

固体具有与其原子排列有关的特定性质。因为固体的分子紧紧结合在一起，所以固体有一定的体积和形状。

大多数天然固体是晶体。在晶体内部，分子以固定的重复模式排列，因此每个晶体都有其有序的形状。

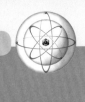

（1）六角晶系

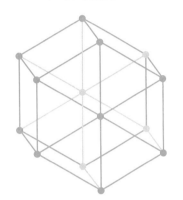

（2）立方晶系

▲ 六角晶系与立方晶系

液体或气体中的原子或分子可以移动，与此不同，固体的体积和形状不随温度或压力而发生很大变化。本章将探讨原子的排列如何影响固体的性质。

晶状固体

最常见的固体类型叫晶状固体，简称晶体。晶状固体具有高度有序、重复的一排排原子。这些原子组成叫作晶格的结构。食盐、糖、浴盐和雪都是典型常见的晶状固体，几乎所有珍贵的宝石都是晶状固体。

每个晶体都有特定的晶格结构。许多晶体的性质（如硬度）取决于晶格的排列方式。化学家们用原子或离子群来描述晶格图案，这种原子或离子群叫晶胞。晶格由许多按固定图案结合的晶胞构成。

晶系是根据晶格的对称性对晶体分类的一种体系，可分为7个晶系：三斜晶系、单斜晶系、三角晶系、六角晶系、正交晶系、四方晶系、立方晶系。

天然固体

在自然界中，晶体十分常见。大多数非生命固体由晶体组成。我们最熟悉的晶体可能是岩石中的矿物质。在自然界中，晶体源自已熔化/被熔化的岩石或饱和水溶液。有一些晶体可能会长得非常大，已经发现的单晶有房子那么大，有好几吨重。

晶体通常按照其晶胞的形状变大。以黄铁矿为例，黄铁矿是一种闪闪发光的金色晶体，也叫"愚人金"，其晶胞是四方晶系，黄铁矿晶体也是立方晶系。翡翠晶体是六角晶系。

晶体破裂时，通常沿着晶胞之间的连接线开裂。所以，晶体通常会碎成特定的形状。许多矿物看起来很相似。地质学家鉴别矿物的方法之一，是观察其晶体的破裂方式。

物质状态变化的故事

试一试

盐晶

盐晶是由重复排列的原子（即晶胞）组成的。晶胞以更大的重复模式连接在一起，形成一种叫晶格的结构。晶格可以分解成更小的碎片，但是每个碎片仍然具有相同的重复晶胞结构。

1. 向深色的平面上撒一些食盐晶体。用放大镜观察，这些盐晶是什么形状的。

2. 向深色的平面上撒一些岩盐。用放大镜观察。和食盐相比，岩盐是什么形状的。

3. 用锤子把一块岩盐敲碎，用放大镜观察晶体。它们现在又是什么形状。你会发现所有类型的盐都有相同的方形晶体。当你把大块的岩盐打碎时，你会发现它碎成了更小的方块。

▲ 放大镜下的方形食盐晶体或氯化钠晶体。

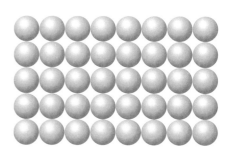

▲ 晶状固体的分子有序排列。

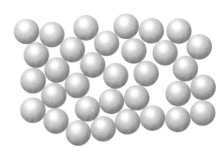

▲ 非晶体的分子虽然连接在一起，但是无序排列的。

非晶体

"非晶"的意思是"无形状"，用于描述无固定形状且形状多变的物体。有一些固体叫非晶体，没有以有序晶格排列的原子或离子。常见的非晶体是塑料和橡胶。

由于没有晶格结构，非晶体具有不同于晶体的性质。比如，大多数晶体虽质地坚硬，但受到撞击时很容易破碎。破碎的晶休碎片也形状相同。非晶休往往更有弹性。如果被打碎，碎片的大小和形状都不一样。

部分非晶体（如玻璃）其实是过冷液体。它们被看作是极黏稠的液体，而非固体。这些液体非常黏稠，所以无法流动，可以保持像固体一样的形状。但就像液体一样，这些材料可以变成任何形状。

当非晶体被加热时，与液体的联系也会显示出来。晶状固体有固定的熔点。在这个温度下，整个晶体很快变成液体。当非晶体被加热时，会变得柔软、变成不同的形状，最终变成流动液体。

关键词

- **非晶体**：部分缺乏固定结构或形状的物质。
- **晶体**：由结晶物质构成的固体，其内部的构造质点（如原子、分子）呈平移周期性规律排列。
- **过冷液体**：温度降至凝固点以下时仍未凝固的液体。

固体键合

气体和液体的物理性质可以解释成分子力的强度。固体的物理性质也可以用分子力来解释。固体有许多物理特性，如硬度、导电能力和熔点等，每一种性质都与将固体固定在一起的力的强度有关。

金属固体

金属是常见的固体。金属通常有少量的电子化合价用于键合。电子化合价位于原子的外壳，是化学键中的电子。当金属原子形成晶格，电子化合价脱离原子，在固体内部自由运动。自由电子像"胶水"一样，把金属原子粘在一起。电子可以朝一个方向流动，形成电流。金属是最佳的导电体，既可以导电，还可以导热。

金属还有两个性质——展性和延性。通过敲打或滚轧，可以将展性金属塑造成薄片而不破裂；延性金属可以被拉成金属丝。之所以会有展性和延性，是因为自由电子将金属原子粘在一起。

关键词

- **合金**：由两种或两种以上化学组分构成的固溶体或化合物形式的材料或物质。
- **电子化合价**：结构形成及稳定性主要取决于电子浓度因素的金属间化合物。

▶ 一位乐手在吹奏小号，小号由黄铜制成。黄铜是一种由铜和锌制成的合金，可以被锻造、轧制、捶打成各种形状，并且不会很快腐蚀或变色。

纯金

成色一般指黄金和其他贵重金属的纯度，有时用"K"表示。纯金是24 K。黄金首饰通常不是由纯金打造的，因为纯金质地很软，容易凹陷或弯曲。黄金首饰由金合金打造的，含铜和其他金属，所以质地更硬，常常见到被鉴定为18 K、14 K或10 K。K数代表黄金在合金中占的比例。24 K金是100%的黄金。18 K的首饰含有75%的黄金，12 K金只有50%的黄金。黄金所占的比例用下列等式计算：

（K数 ÷ 24）÷ 100 × 100 = 纯金比例

所以，18K金的计算等式为：

（18 ÷ 24）÷ 100 × 100 = 75%

12K金的计算等式为：

（12 ÷ 24）÷ 100 × 100 = 50%

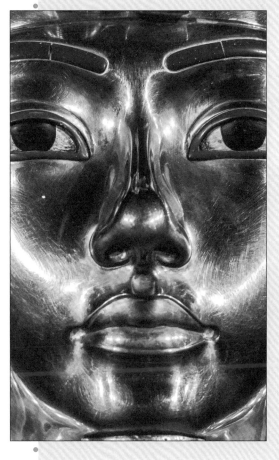

◀ 埃及法老图坦卡蒙的面具，他在3 300年前被埋葬。这个面具由24K纯金制成。

合金

金属的用途很多，可以用来造车、做电线、盖房子、造火箭、做珠宝以及生产许多其他产品。有时候，纯金属的性质不适用于某一特定用途。想让一种金属变得有用，可以将其与其他金属混合，金属混合物叫作合金。黄铜是铜和锌的合金。有一些合金含有非金属物质。钢是铁和其他几种金属的合金，也含有少量的碳。

合金是一种金属溶解在另一种金属中的溶液。比如，焊料是一种锡原子溶解在铅中的合金，也是一种容易熔化的软合金，用来熔合金属件。

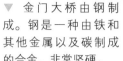
▼ 金门大桥由钢制成。钢是一种由铁和其他金属以及碳制成的合金，非常坚硬。

分子固体

许多固体由分子组成，分子由两个或两个以上原子键合在一起。一些元素可以形成分子固体，包括硫和碘。大多数分子固体是化合物。当两种或多种元素互相反应时，就形成了化合物。化合物的原子键合在一起，构成一个分子。糖是一种可以形成固体分子的化合物。

分子固体通过分子力结合在一起。通常，分子固体质地软，会在低温下熔化，因为分子力通常比较弱，多数无法导电或导热。

离子晶体

有些化合物由离子构成。离子是在化学反应过程中，失去或获得电子的原子。所有的离子都带电荷。失去电子的离子带正电荷，获得电子的离子带负电荷。

电荷相反会互相吸引，电荷相同会互相排斥（推开）。固体中的一个离子被带相反电荷的另一个离子吸引，这种吸引力使离子晶体结合在一起。然而，这些离子也排斥那些带相同电荷的离子。

关键词

● **化合物**：由两个或两个以上元素的原子或离子组合而成的物质。

◀ 连接在塔架上的电缆。这些电缆由铝制成，铝是良好的导电体，而且很轻。电缆由一种叫作陶瓷的非金属分子固体制成的绝缘体固定。

结实的固体

　　有些固体的原子以共价键的形式紧密地结合在一起。当原子共享电子化合价时，就形成了共价键。有一些共价晶体是晶状的。共价键连接所有的原子形成一个晶格，晶格是一种非常坚固的结构，很难被分解。这种固体叫原子晶体，具有高熔点。钻石是典型的原子晶体。

▼ 固体食盐由钠离子和氯离子晶格构成。晶格为立方结构。

　　离子晶体呈晶体状，在晶格中排列。在晶格内，离子如右图排列，所以带相反电荷的离子尽可能靠近，而带相同电荷的离子尽可能分开。

　　因晶格作用，离子晶体的质地坚硬。由于离子键强有力，因此固体的熔点很高，一般高于分子固体。离子晶体的导电能力差，因为离子无法移动。

　　最简单的离子晶体由两种离子组成：正离子和负离子。比较常见的例子是食盐（氯化钠）。氯化钠有1个带正电的钠离子对应1个带负电的氯离子。

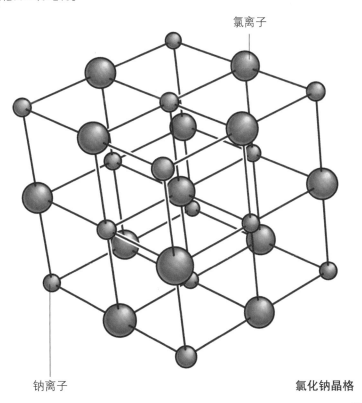

氯离子

钠离子

氯化钠晶格

非金属

非金属与金属相反，没有金属光泽，缺乏延展性，是电与热不良导体的物质，如硅和砷。非金属的性质之一是可以导电，但是只能在特定条件下导电。因此，非金属可以用来制作半导体。自19世纪60年代，半导体开始变得越来越重要。半导体用于制作电子器件，比如晶体管和二极管，可以控制电路周围的电流。电子器件使小型计算机、手机和类似的机器成为

▲ 一名技术人员正在检查硅片。晶片上刻有微型电路，可以用作微芯片。微芯片由硅和其他固态金属制成，用于电脑、洗衣机、电视等电子产品。

近距离观察

离子尽在你"手中"

在写离子化合物的分子式时，需要知道有关离子的电荷。金属离子总是带正电荷，而非金属离子总是带负电荷。可以从离子的名称获得有关电荷的线索。正离子与原子的名称相同（如钠离子），但负离子通常名称不同。

离子	符号	电荷
钠	Na^+	+1
钾	K^+	+1
钙	Ca^{2+}	+2
铝	Al^{3+}	+3
氯	Cl^-	−1
氧	O^{2-}	−2
磷酸盐	PO_4^{3-}	−3

写公式时，化合物的电荷必须等于零。例如，氯化钾是由钾离子和氯离子组成的。钾离子的电荷是+1，氯离子的电荷是−1。因此，各一个离子结合形成分子，分子式为KCl。

氯化铝由铝离子和氯离子组成。因为铝离子带+3电荷，而氯离子带−1电荷，一个铝离子和三个氯离子结合。氯化铝的化学式是$AlCl_3$。数字3表示这个分子有三个氯离子对应一个铝离子。氯离子的总电荷为−3，与铝离子的+3电荷相平衡。

可能。

半导体构成原子晶体固体，其中的原子排列成晶格。在纯半导体中，原子之间形成共价键的电子数量正好。然而，电子只是松散地被束缚在这些键中。少数电子挣脱共价键，可以流过固体来导电。缺失电子留下的空隙叫作空穴，电子可以在空穴中四处游动。

可以添加其他元素的原子来控制半导体的导电方式，这一过程叫掺杂。掺杂可以用不同元素的原子填充非金属原子晶格中的空隙。例如，纯硅只能传导少量

的电，如果掺杂了磷，磷原子的五分之四的电子与硅原子结合，第五个电子是自由的，这个自由电子能够穿过固体并携带电流。

膨胀

从液体变为固体的变化叫凝固，从固体变为液体的过程叫熔化。在熔化前，固体受热时会膨胀。随着固体的温度越来越高，内部原子振动频繁，原子间的距离增大。由此，整个固体都膨胀了。晶状固体和分子固体往往只膨胀一点。一般来说，金属膨胀最大。大型金属结构（如桥梁）设计时必须将金属受热膨胀这一因素考虑在内。

试一试

有趣的公式

利用上页方框中的信息，写出这些离子化合物的化学式：
- 氧化钙
- 磷酸钠
- 磷酸钙

答案见本页底部。

答案
CaO（一个Ca^{2+}和一个O^{2-}）
Na_3PO_4（三个Na^+和一个PO_4^{3-}）
$Ca_3(PO_4)_2$（3个Ca^{2+}和2个PO_4^{3-}）

▼ 温度计里有水银。水银是唯一一种在室温下呈液体的金属。受热后，水银的膨胀速度比其他金属要快。由于这一特点，水银被用在温度计里。当水银受热后，它在温度计内膨胀并沿细管向上移动，表明温度上升。

金属受热膨胀　　水银柱随温度上升

固体变气体

有些固体不熔化，而是直接从固体变成气体，这个过程叫作升华。

蒸发是指液体变成气体。在蒸发过程中，所有原子或分子彼此分离，独立活动。有些情况下，固体中的分子有足够的能量，能按同样的方式变成气体。

分子固体是最有可能蒸发的。分子固体靠分子间的弱力结合在一起，所以单个

近距离观察

相似但不同

纯碳以多种形式存在，即同素异形体。金刚石和石墨是两种常见的碳同素异形体，石墨被用作铅笔芯。这两种同素异形体都是纯碳，但原子排列方式不同。因此，固体具有不同的性质。

金刚石是已知的最硬的物质，而石墨质地柔软。在这两种形式中，每个碳原子都与另外四个碳原子成键。在金刚石中，每个原子都与四个相邻原子紧密结合，形成了一个非常坚硬的三维网

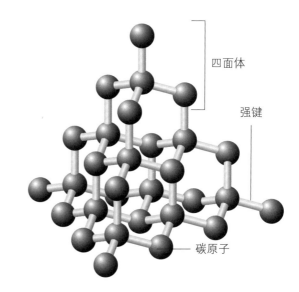

▲ 图为金刚石的分子结构。每个碳原子与其他四个碳原子连在一起。由五个原子组成的单位一起形成一个非常坚固的金字塔结构，称为四面体。

络，正是这种结构使金刚石十分坚硬。

在石墨中，每个原子只与三个相邻原子紧密结合，这些原子一起形成六边形层。而原子的第四个键与另一层原子相连，这个键要弱得多，使得不同层之间可以相互移动，这也就是石墨很软的原因。例如，铅笔留下的痕迹，其实是一层石墨被擦到了纸上。

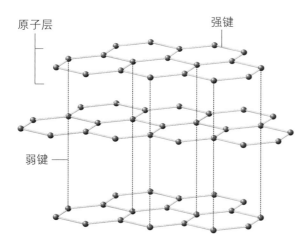

▲ 在石墨中，碳原子形成六边形，连接成片状。薄片之间的力很弱，因此可以轻松地相互移动。

分子很轻易就能挣脱束缚，形成气体。碘形成亮灰色的分子固体，在加热时，碘元素会升华成深紫色的气体。另一种常见的能升华的固体是干冰。干冰是固态的二氧化碳，白色看起来像水冰。但是，从它的名字可以看出，干冰不会把物质弄湿。干冰用于保存食物或其他精致物品，也可用作人工降水的化学药剂。

水冰有时候也会升华。如果把一块冰在冰箱里放很长时间，冰块会升华。冰箱内的空气含有很少的水蒸气。因此，水分子更容易逃脱固体冰，形成蒸气。（如果空气中充满了水蒸气，冰就不会轻易升华。）

升华的另一个常见例子是固体空气清新剂，会让房间闻起来很香。固体空气清新剂会升华并释放出一种气体来掩盖其他气味。

▲ 一块干冰（固体二氧化碳）升华为一团二氧化碳气体。二氧化碳本身无色，但由于气体温度很低，会使空气中的水蒸气形成一层薄雾，薄雾由微小液滴组成。二氧化碳也是一种重气体，所以它会沉到地板附近。

关键词

- **同素异形体**：同种元素而具有不同结构（晶体结构或分子结构）的物质。
- **空穴**：电子从半导体晶格中释放出来后留下的空间。
- **半导体**：导电性能介于金属和绝缘体之间的非离子性导电物质。
- **升华**：固体变成气体而不是液体的过程。

6 物态的变化

大多数物质都有一种正常存在的状态，要么是固体，要么是液体或气体，但可以通过增加或减少能量（常以热的形式存在的动能）来改变物态。

当物质从一种相转变为另一种相时，物态或相会发生变化，例如固体变成液体。当固体、液体或气体中的分子结合或分解时，会发生相变。相变总是包含能量的变化。

能量和相变

当一种物质经历相变时（从固体到液体或从液体到气体），分子必须在原始状态下克服分子力（分子间的

这张蜘蛛网上挂满了露珠。当潮湿的空气冷却或撞击寒冷的表面并凝结（变成液体）时，就形成了露水。这种从空气到水的转换代表了物态的变化，或相变。

力）。用于克服分子间力的能量就是动能，动能的来源是热。当热被加到物质中时，分子吸收能量并增加自身的动能。记住，平均动能用温度来衡量。因此，加入更多的能量，温度会升高。

当一种物质经历相变时（从气体到液体或从液体到固体），能量很重要，但是分子必须失去动能。随着相的变化，分子移动得更慢。因为失去了能量，这被称为吸热过程。

把一种物质从液体变成气体，比把一种物质从固体变成液体需要更多的能量。在物质的三种状态中，气体的能量最高。物质必须获得足够的动能，使分子完全克服分子力。分子力越强的物质，沸点就越高，因为分子变成气体需要更多的能量。

把固体变成液体所需的能量叫作熔化热，把液体变成气体所需要的能量叫作汽化热。

冰淇淋融化时，正在经历从固体到液体的物态变化。来自大气的热量会破坏分子间的化学键，而分子间的化学键将分子牢牢地结合在一起，形成凝固的固体。

熔化热

熔化热是打破固体的分子力、将固体变成气体所需的能量。从固体变成气体的相变不包括温度变化。物质在熔化时，温度不变，即物质在熔化时，分子并未改变其动能，在相变完成之前动能没有变化。

关键词

- **吸热反应**：在反应过程中，吸收热量而使周围温度下降的化学反应。
- **放热反应**：在反应过程中，释放热量使周围温度上升的化学反应。
- **熔化热**：将固体变成液体所需的能量。
- **汽化热**：将液体变成气体所需要的能量。
- **相变**：从一种相变成另一种相的过程。

试一试

膨胀的冰

材料：小碗、吸管、食用色素、滴管、造型泥、永久记号笔。

1. 把一块黏土压在碗底。

2. 把吸管一端插到泥土里，让吸管立起来。

3. 向水里加几滴食用色素。用滴管吸取含食用色素的水，加到吸管里，加大概半管。

4. 用记号笔标记吸管的液位。

5. 将小碗放入冰箱冷冻室，至少4个小时。

6. 取出小碗，观察当水结冰时吸管的水位是如何变化的。当水结冰时，冰会膨胀，导致吸管中的水位上升。

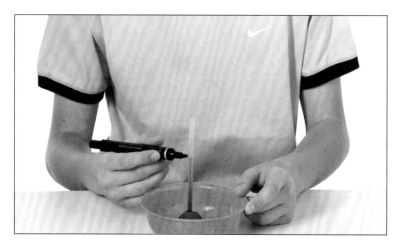

▲ 用记号笔标记液位。

▶ 吸管里的水位上升了，因为水结冰时会膨胀。

凝固

熔化热也是物质从液体变成固体时释放的热量。对于大多数物质来说，固态的分子比液态的分子靠得更近，即相比于液体，体积一定的固体拥有更多分子。因此，物质的固态比液态密度大。这就解释了为什么大多数物质的固相会下沉到液相之下。

水是一个例外。当水凝固时，水分子实际上比其在液相时移动得更远。这是因为氢键在水中产生了强大的分子力。这就解释了为什么冰能浮在水面上。实际上，冰的密度比水小9%。因为水在凝固时会膨胀，所以在凝固前，盛水的容器一定要留出空间。如果一个完整的容器是密封的，水会膨胀并导致容器破裂。

当固体被加热并达到熔点时，随着相

的变化，温度保持不变。对于熔点不是很高或很低的物质，科学家可以轻松测量出这个温度。熔点和凝固点的温度相同。当液体冷却并达到凝固点时，温度保持不变，直到发生相变。物质的熔点或凝固点也可以用来确定物质的确切性质。每种物质都有自己的熔点。

▶ 当窗户内有潮湿的空气，而外面的温度低于冰点时，玻璃上就会结霜。潮湿的空气改变状态形成冰晶。

▼ 由于冰冻，这个罐子碎了。土壤中的水结冰后膨胀，体积增加，导致罐子破裂。

汽化热

与熔化一样，这种相变的温度恒定，直到完成相变。当液体达到沸点时，分子不会获得动能。相反，液体中的分子利用能量来克服分子力。一旦所有的液体都变成了气体，温度就会再次上升。

沸腾

当液体的蒸气压等于大气压时，液体就会沸腾。例如，在海平面，水在100℃（212°F）沸腾。随着海拔升高，大气压会降低。大气压降低意味着水的沸点也降低了。许多菜谱包括在高海拔地区烹饪食物的方法。

如果大气压力增加，水的沸点也会增加。一些厨师会用一种叫高压锅的炊具来增压，从而提高水的沸点。因为温度越高，食物会熟得越快。

▶ 相比于用普通锅，用高压锅烹饪食物，食物可以熟得更快。压力增加会提高锅内液体的温度，这样烹饪食物的时间就会缩短。

试一试

“冷静”

蒸发冷却是非常有效的降温方法。

材料：安全温度计、棉球、外用酒精。

1. 向棉球上倒一点点外用酒精。

2. 挤出多余的酒精，将棉球轻轻包在温度计的球端。

3. 向棉球吹气，看看温度计上的温度发生了什么变化。酒精会吸收能量从而蒸发，导致温度下降。

蒸发降温

在液体表面发生的汽化现象就是蒸发。这对人们来说非常重要。当你努力工作或锻炼时，你的身体会产生热量，而且必须排出这些多余的热量，其中一种方式就是出汗。当你的身体变热时，汗水会覆盖你的皮肤。来自身体的热量使汗液变暖，汗液开始蒸发。因为蒸发是一个吸热过程，汗液分子会吸收热量，从而对身体产生降温效果。

蒸发降温是身体排出多余热量的好方法。然而，这种方法并不总是有效。影响蒸发降温的一个因素是湿度。湿度是指空气中水蒸气的含量。湿度高时，空气中存在的水蒸气量可以接近饱和点（最大可能）。在这种情况下，空气不能容纳更多的水分，汗液也不能从体内蒸发。蒸发降温最理想的条件是空气中只有很少的水蒸气。

关键词

- **分子力**：分子间的相互作用力。
- **熔点**：固相物质变为液相时的温度。

▼ 当液体被煮沸时（a），分子获得动能，可以从表面逃走，在液体中形成气泡。在蒸发（b）时，分子离开液体但没有增加热量。液体失去能量，温度降低（c）。

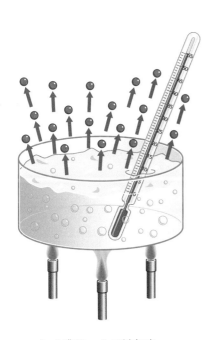

（a）沸腾：分子被赶走

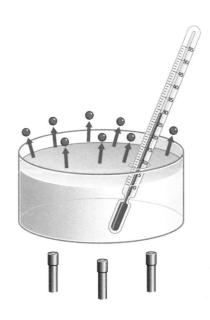

（b）蒸发：分子逃走

（c）蒸发：引起降温

改变物相

像所有物质一样，水以三种不同的状态存在——固态、液态和气态。我们对水的各种状态都很熟悉。水呈固态时被称为冰，呈液态时被称为水，呈气态时被称为水蒸气或蒸汽。水在不同物态之间的每一种变化都有一个对应的名称。当水从固态变成液态，叫熔化。当水从液态变成固态，叫凝固。当水从液态变成气态，叫沸腾。当水从气态变成液态，叫凝结。

假设从冰箱里拿出一块冰。如果冰箱的温度是−5℃，冰块也会是这个温度。如

关键词

- **凝结**：从气相变成液相的过程。
- **蒸发**：当液体的温度低于沸点时，从液相变成气相的过程。
- **压力**：物体所承受的与表面垂直的作用力。
- **水蒸气**：由水汽化或冰升华而成的一种透明的无色无味气体。

果把冰块放在平底锅里，在炉子上加热，能量会增加。冰块吸收能量，温度稳定上升。当冰块达到熔点时，温度不变。能量被用来将固体变成液体，所以温度保持不变，直到整块冰熔化。

一旦冰完全熔化，温度就会再次上升。水的温度继续上升，直至沸点。当水开始沸腾，温度恒定，直到所有的水都变成水蒸气或蒸汽。所有的水都沸腾并变成蒸汽后，随着加入更多的能量，蒸汽温度会升高。

当能量从蒸汽中除去，情况则相反。在蒸汽开始凝结（从气体变成液体）前，蒸汽的温度会下降。在所有的蒸汽凝结成液态水之前，温度都保持恒定。温度继续下降，直到水达到凝固点。当水从液态变成固态时，温度保持不变。一旦所有的水都变成了冰，温度就会继续下降。

▼ 当热水蒸气遇到像玻璃这样的冷表面时，就凝结成水滴（从气体变成液体）。

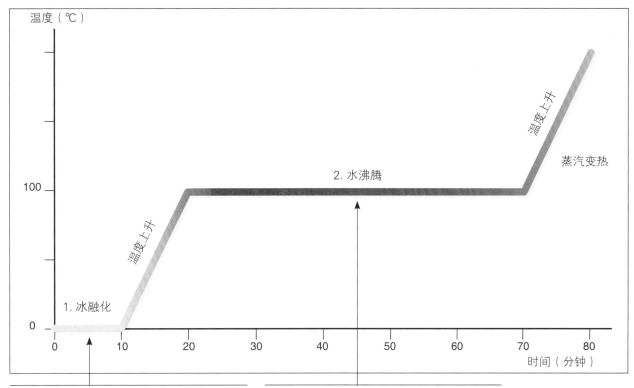

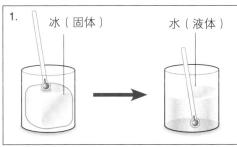

▲ 1. 改变物态需要加入或释放能量。要使冰融化，就必须加热。融化1千克的冰需要80千卡的热量。此时，温度保持在0℃。一旦所有的冰都变成液体，温度就开始上升。

▼ 2. 下一个物态变化是从液体到气体，需要加入更多的热量，将水的温度提高到100℃的沸点。以每分钟10千卡的速度，把1千克的水变成1千克的蒸汽需要54分钟。这些能量称为汽化热，对于水来说等于540千卡/千克。在这个过程中，水温保持在100℃。

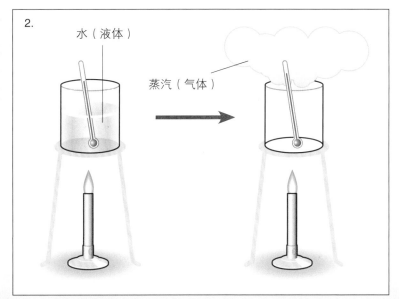

元素周期表

元素周期表是根据原子的物理和化学性质将所有化学元素排列成一个简单的图表。元素按原子序数从1到118排列。原子序数是基于原子核中质子的数量。原子量是原子核中质子和中子的总质量。每个元素都有一个化学符号，是其名称的缩写。有一些是其拉丁名称的缩写，如钾就是拉丁名称

原子结构

	33	**As**
	砷	
	74.92160(2)	

- 原子序数
- 元素符号
- 元素名称
- 原子量

	氢
	碱金属
	碱土金属
	金属
	镧系元素

	I A	II A	III B	IV B	V B	VI B	VII B	VIII B	VIII B
1	1 **H** 氢 1.00794(7)								
2	3 **Li** 锂 6.941(2)	4 **Be** 铍 9.012182(3)							
3	11 **Na** 钠 22.989770(2)	12 **Mg** 镁 24.3050(6)							
4	19 **K** 钾 39.0983(1)	20 **Ca** 钙 40.078(4)	21 **Sc** 钪 44.955910(8)	22 **Ti** 钛 47.867(1)	23 **V** 钒 50.9415	24 **Cr** 铬 51.9961(6)	25 **Mn** 锰 54.938049(9)	26 **Fe** 铁 55.845(2)	27 **Co** 钴 58.933200(9)
5	37 **Rb** 铷 85.4678(3)	38 **Sr** 锶 87.62(1)	39 **Y** 钇 88.90585(2)	40 **Zr** 锆 91.224(2)	41 **Nb** 铌 92.90638(2)	42 **Mo** 钼 95.94(2)	43 **Tc** 锝 97.907	44 **Ru** 钌 101.07(2)	45 **Rh** 铑 102.90550(3)
6	55 **Cs** 铯 132.90545(2)	56 **Ba** 钡 137.327(7)	57-71 La-Lu 镧系	72 **Hf** 铪 178.49(2)	73 **Ta** 钽 180.9479(1)	74 **W** 钨 183.84(1)	75 **Re** 铼 186.207(1)	76 **Os** 锇 190.23(3)	77 **Ir** 铱 192.217(3)
7	87 **Fr** 钫 223.02	88 **Ra** 镭 226.03	89-103 Ac-Lr 锕系	104 **Rf** 𬬻 261.11	105 **Db** 𬭊 262.11	106 **Sg** 𬭳 263.12	107 **Bh** 𬭛 264.12	108 **Hs** 𬭶 265.13	109 **Mt** 鿏 266.13

	57 **La** 镧 138.9055(2)	58 **Ce** 铈 140.116(1)	59 **Pr** 镨 140.90765(2)	60 **Nd** 钕 144.24(3)	61 **Pm** 钷 144.91
镧系元素					
锕系元素	89 **Ac** 锕 227.03	90 **Th** 钍 232.0381(1)	91 **Pa** 镤 231.03588(2)	92 **U** 铀 238.02891(3)	93 **Np** 镎 237.05

缩写。元素的全称在符号下方标出。元素框中的最后一项是原子量，是元素的平均原子量。

这些排列好的元素，科学家们将其垂直列称为族，水平行称为周期。

同一族中的元素其原子最外层中都具有相同数量的电子，并且具有相似的化学性质。周期表显示了随着原子内外层电子数量的增加逐渐变得稳定。当所有的电子层都被填满（第18族原子的所有电子层都被填满）时，将开始下一个周期。

镧系元素
稀有气体
非金属
类金属

			ⅢA	ⅣA	ⅤA	ⅥA	ⅦA	ⅧA
								2 He 氦 4.002602(2)
			5 B 硼 10.811(7)	6 C 碳 12.0107(8)	7 N 氮 14.0067(2)	8 O 氧 15.9994(3)	9 F 氟 18.9984032(5)	10 Ne 氖 20.1797(6)
ⅧB	ⅠB	ⅡB	13 Al 铝 26.981538(2)	14 Si 硅 28.0855(3)	15 P 磷 30.973761(2)	16 S 硫 32.065(5)	17 Cl 氯 35.453(2)	18 Ar 氩 39.948(1)
28 Ni 镍 58.6934(2)	29 Cu 铜 63.546(3)	30 Zn 锌 65.409(4)	31 Ga 镓 69.723(1)	32 Ge 锗 72.64(1)	33 As 砷 74.92160(2)	34 Se 硒 78.96(3)	35 Br 溴 79.904(1)	36 Kr 氪 83.798(2)
46 Pd 钯 106.42(1)	47 Ag 银 107.8682(2)	48 Cd 镉 112.411(8)	49 In 铟 114.818(3)	50 Sn 锡 118.710(7)	51 Sb 锑 121.760(1)	52 Te 碲 127.60(3)	53 I 碘 126.90447(3)	54 Xe 氙 131.293(6)
78 Pt 铂 195.078(2)	79 Au 金 196.96655(2)	80 Hg 汞 200.59(2)	81 Tl 铊 204.3833(2)	82 Pb 铅 207.2(1)	83 Bi 铋 208.98038(2)	84 Po 钋 208.98	85 At 砹 209.99	84 Rn 氡 222.02
110 Ds 鿏 (269)	111 Rg 𬬭 (272)	112 Cn 鎶 (277)	113 Uut * (278)	114 Fl 鈇 (289)	115 Uup * (288)	116 Lv 鉝 (289)		118 Uuo * (294)

62 Sm 钐 150.36(3)	63 Eu 铕 151.964(1)	64 Gd 钆 157.25(3)	65 Tb 铽 158.92534(2)	66 Dy 镝 162.500(1)	67 Ho 钬 164.93032(2)	68 Er 铒 167.259(3)	69 Tm 铥 168.93421(2)	70 Yb 镱 173.04(3)	71 Lu 镥 174.967(1)
94 Pu 钚 244.06	95 Am 镅 243.06	96 Cm 锔 247.07	97 Bk 锫 247.07	98 Cf 锎 251.08	99 Es 锿 252.08	100 Fm 镄 257.10	101 Md 钔 258.10	102 No 锘 259.10	103 Lr 铹 260.11